ABRÉGE

DE

L'HISTOIRE NATURELLE

ABRÉGÉ

DE

L'HISTOIRE NATURELLE

MISE A LA PORTÉE DES ENFANTS

PAR

UN ANCIEN PROFESSEUR

ZOOLOGIE

PARIS

ÉLIE GAUGUET, LIBRAIRE-ÉDITEUR

12, RUE CASSETTE. 12

1865

ABRÉGÉ
DE L'HISTOIRE NATURELLE

L'histoire naturelle est la science qui a pour objet l'étude des corps qui composent le globe terrestre et des êtres qui vivent à sa surface.

Elle se divise donc en deux parties :

1° L'histoire naturelle des corps inertes qui forment la terre ;

2° L'histoire naturelle des êtres qui vivent sur elle.

La première s'occupe de l'histoire des corps bruts ou inorganiques qui ne vivent pas, comme la pierre, et la deuxième s'occupe de l'histoire des corps qui vivent, les plantes et les animaux.

L'ensemble des corps privés de vie, forme le *règne minéral* ;

L'ensemble des plantes forme le *règne végétal* ;

L'ensemble des animaux forme le *règne
animal*.

Nous nous occuperons successivement de
ces trois règnes, en commençant par le dernier, le règne animal.

RÈGNE ANIMAL

GÉNÉRALITÉS.

Le règne animal est la partie de l'histoire naturelle qui s'occupe des animaux.

Les animaux sont des êtres vivants, qui naissent, grandissent, se nourissent et meurent; ils sont doués de sensibilité et de mouvements volontaires, et chaque partie de leur corps obéit à une partie principale, nommée cerveau, par l'intermédiaire des nerfs, qui se rendent du cerveau à toutes les parties de l'animal.

Tous les animaux naissent, c'est-à-dire qu'ils viennent au monde. Les uns viennen t vivants, comme les chats, les chevaux; d'autres viennent dans des œufs, comme les poules, les canards, les crocodiles. Les premiers sont nommés *vivipares*, et les seconds *ovipares*.

Les animaux, étant venus au monde, grandissent, c'est-à-dire qu'ils ne restent pas toujours petits et que leur taille augmente jusqu'à une certaine limite qu'elle ne dépasse pas et qui restera toujours la même jusqu'à la mort de l'animal.

Le corps, en grandissant et par suite en grossissant, possède une plus grande quantité de matières diverses qu'à la naissance : comme de la chair, des os, de la peau, etc., comme cette quantité de matières ne peut venir faire partie du corps de l'animal sans qu'on l'introduise dans ce corps, il faut donc que l'animal les absorbe ou les mange, en un mot, qu'il se nourrisse. Etant dans le corps, la nourriture absorbée se change, par un travail décrit plus loin, en chair, en os, etc.

Si la nourriture était seulement nécessaire pour faire grandir un animal, on ne comprendrait pas pourquoi il mange encore quand il ne grandit plus.

La nourriture n'est pas moins nécessaire à un animal qui ne grandit plus qu'à un animal qui grandit. Lorsqu'on trempe une plume dans l'encre et qu'on écrit avec, il arrive un moment où la plume ne peut plus marquer. C'est le moment où l'encre est usée. Il se passe la même chose dans le corps des animaux. Quand un animal est fatigué par la marche ou le travail, et par le travail intérieur qui se fait dans son corps pour l'entretien de la vie par la circulation du sang, l'animal est usé comme la plume l'est par le manque d'encre. Pour rendre à la plume son activité, il faut lui redonner de l'encre, en un mot, lui rendre ce qu'elle a perdu ; à l'animal, il faut aussi lui redonner ce qu'il a perdu de matière par la fatigue, en lui faisant prendre de la nourriture.

Les animaux, étant arrivés à un certain âge, qui est plus ou moins grand, suivant les espèces, meurent, c'est-à-dire qu'ils cessent de vivre, ou que la vie disparaît de leur corps qui tombe en pourriture sans pouvoir jamais revenir animé comme avant la mort.

Il faut maintenant dire comment les aliments que les animaux absorbent deviennent chair et os.

Tous les animaux ont une bouche par laquelle ils introduisent les aliments dans leur corps. A la suite de cette bouche se trouve un long tuyau, bien des fois replié sur lui-même, comme un bout de fil qu'on roule dans les doigts, et ce tuyau a une seconde ouverture à l'autre extrémité du corps. Ce tuyau, nommé *tube digestif* ou *canal alimentaire*, est renflé en un certain endroit pour former une poche appelée *estomac* dans laquelle les aliments tombent quand on les avale.

Quand les aliments sont dans l'estomac, la peau qui forme cette poche laisse couler un liquide particulier, de la même manière que les murs d'une maison laissent couler de l'eau quand il dégèle. Ce liquide transforme les aliments en une bouillie grisâtre, appelée *chyme*. Ce chyme sort alors de cette poche pour entrer dans le reste du tube alimentaire. Là, il se trouve en contact avec un deuxième liquide, la *bile*, fournie par le *foie*, gros organe placé au-dessus de l'estomac. La bile transforme le chyme en un liquide blanchâtre nommé *chyle*.

La peau de la partie du tube digestif, dans laquelle se forme le chyle, est parsemée d'une quantité innombrable de petits tubes, terminés par des éponges, qui s'impreignant de ce chyle, le font passer dans ces petits tubes, communiquant avec un plus gros qui est le réservoir. Ce tube communique avec les veines et verse par conséquent le chyle dans ces dernières. Ce qui, des aliments, n'a pu être transformé en chyle est rejeté au dehors.

Or, les veines contiennent du sang, le chyle se transforme donc en sang, et nous allons voir pourquoi. Puisque les aliments sont destinés à rendre au corps ce qu'il a perdu par l'usure, il faut qu'il existe un moyen pour porter à toutes les parties du corps, les matières de remplacement qui doivent être toutes prêtes à devenir chair et os. Le sang est le liquide qui se transforme en toutes les matières que le corps contient et il est porté à toutes les parties du corps, par un système de tubes charnus, qui forme *l'appareil de la circulation* ou *appareil circulatoire*.

Cet appareil consiste en une masse charnue appelée *cœur*, qui est le réservoir central du sang; il porte un tube nommé *artère*, qui se subdivise en plusieurs branches du même nom, branches qui se subrdivisent tellement, qu'elles se terminent par des tubes fins comme des cheveux. C'est par ces artères que le sang nutritif se rend du cœur à toutes les parties du corps indistinctement, par suite de mouvements de resserrement et d'écartement successifs du cœur. Le sang, arrivé aux parties à remplacer, se transforme en partie pour devenir chair, os, peau ou poil, et ce qui reste de ce sang, se mêle avec les parties mortes et usées et s'en revient vers le cœur par d'autres tubes nommés *veines*, qui se réunissent en arrivant au cœur.

C'est avant d'y arriver que les veines reçoivent le chyle venant du tube digestif. En arrivant au cœur, le sang en repart de suite pour aller aux *poumons*, où il est mis en contact avec l'air que la respiration fait continuellement affluer dans eux. Au contact de l'air, le sang abandonne les parties usées et mortes qu'il a ramassées dans son parcours, après quoi le sang revient au cœur et est de nouveau lancé dans tout le corps par les artères. La même opération se continue indéfiniment depuis la naissance jusqu'à la mort.

Il a été dit plus haut que les animaux

étaient doués de sensibilité et de mouvements volontaires et que toutes les parties de leur corps obéissent à une partie principale nommée cerveau par l'intermédiaire des nerfs qui se rendent du cerveau à toutes les parties du corps. Par sensibilité on entend la faculté qu'ont les animaux de sentir, et elle a pour but général de mettre les animaux qui en sont doués en rapport avec ce qui les entoure. Cette sensibilité ne doit pas être confondue avec ce qu'on a l'habitude d'appeler ainsi en parlant d'une personne très-impressionnable ou très-sentimentale.

Les animaux sont les seuls êtres doués de vie qui peuvent se mouvoir volontairement c'est-à-dire d'aller où ils veulent, de pouvoir se transporter, d'un endroit à un autre etc. Les plantes sont complétement dépourvues de cette faculté précieuse.

Ces deux propriétés des animaux d'être doués de sens et de pouvoir exécuter des mouvements volontaires, nécessitent un appareil qu'on ne trouve nullement dans les plantes. Cet appareil se compose du cerveau et des nerfs. Le *cerveau* est une masse d'une matière particulière qui est placée dans la tête et qui est l'endroit où l'animal ressent toutes les impressions que son corps reçoit. Les nerfs qui se rendent de toutes les parties du corps au cerveau ne sont que les conducteurs de ses impressions que le cerveau seul ressent; ils sont exactement comme les cordons d'une sonnette qu'on met en mouvement pour faire mouvoir la sonnette.

Le cerveau étant ainsi le siége de toutes les sensations et par suite de toutes les volontés qui font agir le corps de l'animal, il est très-naturel que lorsqu'on vient à ôter ce cerveau, l'animal ne peut plus exister; raison pour laquelle la coupure de la tête est une cause de mort immédiate pour le corps.

CLASSIFICATION.

Après avoir ainsi exposé rapidement les principes sur lesquels repose la vie des animaux, il faut, avant d'entrer dans leur description, faire savoir ce que c'est qu'une classification.

Pour faciliter l'étude des animaux, on leur a donné un nom à chacun. Mais comme plus de cent mille espèces sont connues, on a été obligé de réunir ceux se ressemblant par des points d'organisation sous un même nom, puis plusieurs de ces groupes sous un autre nom, et cela autant de fois que le besoin s'est fait sentir. Les animaux sont donc classés, delà le mot classification qui signifie arrangement des animaux, ou autres objets, dans un ordre régulier, en mettant ensemble tous ceux qui se ressemblent le plus.

Dans la classification on a choisi divers degrés de rapprochement.

Ainsi on a d'abord l'espèce, puis le genre, puis la famille, puis l'ordre.

L'ordre comprend plusieurs familles qui ont toutes un caractère commun, mais qui diffèrent entre elles par un ou plusieurs caractères qui ne sont pas semblables.

Chaque famille comprend plusieurs genres qui diffèrent entre eux comme les familles entre elles.

Et chaque genre comprend plusieurs espèces différentes.

Pour classer les animaux on a d'abord réuni tous ceux qui ont des os dans le corps, puis tous ceux qui n'en ont pas. On en a fait deux classes qui ce subdivisent en ordres, familles, etc., etc.

Ceux qui ont des os dans le corps ont été nommés *animaux vertébrés*, c'est-à-dire pourvus de vertèbres. Les vertèbres sont les petits os qui forment la colonne vertébrale ou épine dorsale.

Les autres ont été nommés *animaux invertébrés* ou dépourvus de vertèbres.

ANIMAUX VERTÉBRÉS.

Les animaux vertébrés sont pourvus d'os à l'intérieur de leur corps, os dont la réunion forme une charpente qui donne de la solidité au corps et de la précision dans les mouvements. La réunion des os du corps d'un animal, se nomme le *squelette* de cet animal.

Les vertébrés ainsi réunis dans une grande classe, ne se subdivisent plus en sous-classes ou petites classes d'après l'examen du squelette, on se sert des caractères suivants :

Ceux qui viennent vivants au monde qui tètent le lait de leur mère après leur naissance, qui respirent par des poumons qui ont un cœur à quatre cavités et qui ont le corps couvert de poils ont été réunis sous la dénomination de MAMMIFÈRES, mot qui rappelle que les femelles de ces animaux allaitent leurs petits.

Ceux qui viennent au monde dans des œufs qui n'ont point d'organe pour allaiter leurs petits, et qui respirent par des poumons ont été divisés par deux sous-classes.

Les uns ont un cœur à quatre cavités, le sang chaud et le corps garni de plumes, ce sont les OISEAUX.

Les autres ont un cœur à trois cavités, le sang froid, et le corps garni d'écailles, ce sont les REPTILES.

Après ces vertébrés, il en vient d'autres qui, pendant le jeune âge, respirent par des branchies comme les poissons et qui, plus tard, respirent par des poumons comme les vertébrés précédents ; leur cœur a trois cavités, et leur corps est nu ; ce sont les BATRACIENS.

Enfin on trouve des vertèbres qui, ne vivant que dans l'eau, respirent par des branchies. Leur cœur n'a que deux cavités, et leur corps est en général couvert d'écailles ; ce sont les POISSONS.

MAMMIFÈRES.

Les mammifères, comme il a été dit, viennent au monde vivants, se nourrissent du lait de leur mère pendant quelque temps, et ont le corps couvert de poils.

Tous ces animaux ont des dents, destinées à mâcher les aliments, et ces dents sont en rapport avec le genre de vie de l'animal; ainsi chez ceux qui mangent de la chair, elles sont tranchantes, et celles d'en haut et d'en bas se réunissent comme les branches d'une paire de ciseaux pour couper ; d'autres ont des dents pour broyer ; d'autres pour écraser des insectes, etc.

Les pieds sont aussi en rapport avec les habitudes et le genre de vie des animaux ; ces deux espèces d'organes sont donc prises en grande considération dans la classification des mammifères, mais ils ne sont pas les seuls.

Le mode de digestion de ces animaux est aussi employé comme on le verra pour les ruminants.

C'est parmi les mammifères qu'on trouve les plus gros et les plus intelligents des animaux. C'est aussi parmi eux qu'on en trouve rendant de très-grands services à l'homme. Ainsi le cheval, le chien, le bœuf peuvent être cités comme indispensables au travail de nos contrées, comme le chameau pour celui des pays de déserts sablonneux.

A la tête de la classe des mammifères, l'homme vient naturellement se placer. Comme caractère de classe, il les a tous. Il vient au monde vivant ; il respire par des poumons, à le sang chaud dans un cœur à quatre cavités, tète le lait de sa mère pendant les premiers temps de sa vie, et a des poils sur le corps : l'homme se distingue de tous les autres mammifères par la position de son corps qui est verticale, se soutenant sur ses membres postérieurs, ce qui donne une liberté entière aux bras, pour d'autres travaux que le maintien du corps, et place la tête au-dessus de tout le corps. Au point de vue de son intelligence, l'homme ne doit pas être comparé avec les autres mammifères, auxquels généralement on n'accorde pas beaucoup d'intelligence, mais plutôt de l'instinct ; car il a sur eux un avantage réel, c'est de parler, de pouvoir exprimer toutes ses pensées à l'aide de sons qui sortent de sa poitrine, et de les faire comprendre à ses semblables.

Au point de vue de la simple forme matérielle de son corps, l'homme rentre dans la classe des mammifères, mais au point de vue de son intelligence et de son âme, il n'a rien de commun avec les animaux.

L'homme habite, aujourd'hui, à peu près toute la terre, et les individus qu'on trouve sur les différents points du globe ne se ressemblent pas tous et possèdent des caractères spéciaux qui se conservent indéfiniment. Trois races bien distinctes se partagent la terre.

Fig. 1. Race blanche ou caucasique.

1° *La race blanche* ou *caucasique*, qui se distingue par son visage ovale, le développement de son front, le peu de saillie de ses pommettes ou os des joues, la position horizontale de ses yeux, ses cheveux lisses et la teinte blanche de sa peau.

Cette race habite toute l'Europe, la partie occidentale de l'Asie, et le nord de l'Afrique. C'est celle qui est capable du plus grand développement intellectuel. On croit que cette race a pris naissance dans les montagnes du Caucase.

Fig. 2. Race jaune ou mongolique.

2° La *race jaune* ou *mongolique* a la peau olivâtre, le front bas et un peu oblique, le visage plat, les pommettes saillantes, les yeux étroits et obliques, le menton saillant, les cheveux droits et noirs.

Cette race habite tout l'intérieur et l'orient de l'Asie, et quelques grandes îles de la mer Pacifique.

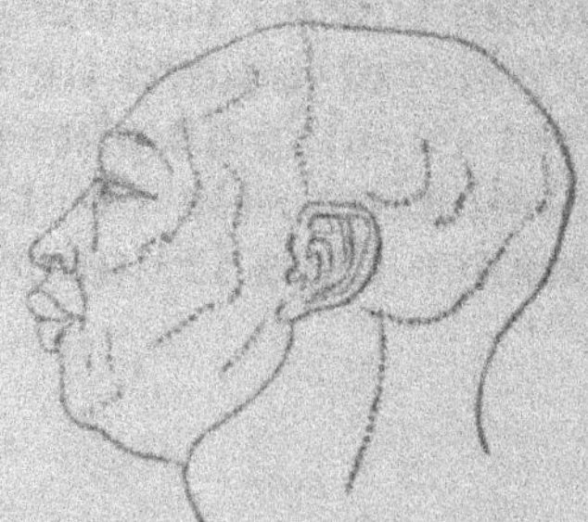

Fig. 3. Race noire ou éthiopique.

3° La *race nègre* ou *éthiopique* dont la face est très-proéminente par en bas, le nez écrasé, les lèvres énormes, le crâne comprimé, les cheveux crépus comme de la laine, et la peau plus ou moins noire.

Cette race habite l'Afrique et quelques îles de l'Océanie ainsi que l'Australie.

Fig. 4. Singe.

Le deuxième ordre des mammifères est celui des QUADRUMANES ou animaux qu'on pourrait mieux appeler des *pédimanes*, c'est-à-dire ayant des mains à la place des pieds ; ils ont aussi des espèces de mains à l'extrémité des bras.

Les quadrumanes se subdivisent en deux grands groupes, savoir : 1° les *singes de l'Ancien-Continent*, qui ont les narines situées à l'extrémité du nez, et séparées seulement par une cloison fort mince ; ils ont trente-deux dents comme l'homme, et leur queue n'est jamais prenante, c'est-à-dire qu'elle n'a pas la facilité de pouvoir s'enrouler autour des branches, et de maintenir l'animal sus-

pendu; enfin ils ont pour la plupart des poches creusées dans les joues, pour y mettre
des aliments en réserve, poches qu'on
nomme *abajoues*, et ont en outre des *callosités ischiatiques*, qui sont des parties de peau
rugueuse, dépourvue de poils, et quelquefois colorée, qui se trouvent sur les parties
postérieures des cuisses.

Ces singes comprennent les *gibbons*, qui
ont un front véritable, pas de queue, les
bras pendants presque jusqu'aux pieds et
qui peuvent se tenir presque verticalement
comme l'homme. Parmi eux on distingue
l'*Orang-Outang*, de couleur fauve, qui est
après l'homme l'être le plus remarquable de
toute la série animale. Parmi les quatre autres familles, deux sont remarquables par
deux espèces de singes qu'elles renferment,
l'une, celle des *semnopithèques*, contient le
Chimpanzé, singe presque aussi grand que
l'orang-outang; l'autre, celle des macaques,
contient le *Gorille*, le plus grand et le plus
fort des singes connus, qui se fait remarquer par son air stupide et féroce. Ces trois
grands singes n'ont pas de queue, et peuvent
également se tenir presque verticalement,
quoique les autres singes des familles dont
ils font partie n'aient pas cette position ha-
bituelle.

2° *Les singes du nouveau continent* ont les
narines latérales et séparées par une cloison
épaisse, ils ont généralement 36 dents, ne

possèdent pas d'abajoues ni de callosités ischiatiques et ont presque tous la queue prenante. On distingue parmi eux 3 familles qui composent cette série : les *alouates* ou *singes hurleurs*, remarquables par la puissance de leur voix. Ces animaux font retentir les forêts de cris terribles qui effrayent les voyageurs ignorant cette particularité ; les *brachyures*, dont la barbe est très-développée et qui ont l'habitude de boire avec leurs mains pour ne pas la mouiller ; et enfin les *ouistitis* et les *tamarins*, singes de la plus petite espèce, qui s'apprivoisent très-facilement et se font remarquer par la beauté de leur pelage.

Les *makis* sont des animaux voisins des singes, mais qui s'en distinguent facilement, ils ont également des mains au lieu de pieds, leur museau est plus allongé.

Parmi eux, on distingue le *galéopithèque*, dont les 4 membres sont réunis par un repli de la peau des flancs, ce qui permet à cet animal de sauter d'un arbre à un autre en glissant dans l'air comme il le ferait avec un parachute.

Fig. 5. Chauve-souris.

Les CHEIROPTÈRES ont, comme les singes et les makis, les mamelles sur la poitrine. Ils se distinguent des autres animaux par une disposition particulière de leurs bras qui sont disposés comme des ailes d'oiseau; seulement au lieu de plumes, ces ailes possèdent une membrane qui s'étend depuis les ailes jusqu'à l'extrémité des doigts et qui va rejoindre les membres postérieurs. Ils ont aussi pour la plupart sur le nez un repli de la peau qu'on a nommé feuille. Ces animaux vivent généralement d'insectes, volent le soir au crépuscule et s'engourdissent l'hiver.

Les INSECTIVORES se rapprochent beaucoup des cheiroptères, par des détails de constitution.

Ces animaux ont des dents hérissées de pointes qui viennent s'enfoncer dans les intervalles des pointes des dents situées sur l'autre mâchoire. Se nourrissant d'insectes, cette disposition est très favorable pour la mastication de cette espèce d'aliment.

Fig. 6. Taupe.

On distingue la *taupe*, qui a des yeux à peine visibles, vit dans la terre où elle creuse de longs couloirs pour rechercher les insectes.

Le *hérisson*, dont le corps est couvert de piquants qui le défendent contre ses ennemis. Cet animal est encore remarquable, par la propriété qu'il possède d'être inattaquable par le venin de la vipère. Malgré les morsures de cette dernière, le hérisson n'est pas malade et ne meurt pas, comme cela a lieu pour l'homme et les animaux ; au contraire, il attaque la vipère et la dévore. C'est donc à tort qu'on détruit cet animal dans les campagnes, car il ne rend que des services à l'homme en se nourrissant d'insectes qui peuvent nuire aux récoltes et en ayant cette curieuse propriété de détruire sans inconvénient un serpent, aussi redoutable pour l'homme, que l'est la vipère.

Les CARNASSIERS, vivant exclusivement de chair, peuvent se partager en trois groupes :

1° Les *musteliens*, qui ont les pattes courtes, le corps allongé et aplati qu'on pourrait appeler corps vermiforme. Les uns sont *palmigrades*, c'est-à-dire qu'ils ont une membrane entre les doigts. Ce sont : la *fouine*, le *putois*, le *furet*, le *blaireau*, etc.

D'autres sont *plantigrades*, c'est-à-dire qu'ils marchent sur la plante des pieds. Dans ceux-ci, on distingue ceux qui ont la queue longue, ceux qui l'ont courte, et ceux qui n'en ont pas.

Les *plantigrades à queue longue* comprennent le *kinkajou*, à queue prenante, et le *coati*, à queue non prenante et à museau allongé.

Les *ratons* constituent le *genre à queue courte*. Ces animaux se font remarquer par l'habitude qu'ils ont de laver leurs aliments.

Ceux qui n'ont *plus de queue* ont le corps raccourci, les membres hauts et forts, les dents indiquent plutôt un régime végétal que carnassier. Ce sont les *ours*, qui se divisent en plusieurs genres.

Les *phoques* ont les quatre pieds palmés et disposés complètement pour la natation. Leur museau est gros et court, et leur poil

Fig. 7. Phoque.

est rare et annelé. Quelques-uns sont munis d'une trompe. Ces animaux vivent dans la mer.

2° Les *viverriens* ont les membres courts, les doigts profondément divisés, leur corps est allongé, on les divise en deux groupes.

Le 1er a la plante des pieds velue. Ce groupe comprend les *civettes*, qui se font remarquer par une poche secrétant abondamment une liqueur odorante dont on se sert en parfumerie.

Les *genettes*, qui n'ont pas cette poche, mais qui répandent encore l'odeur de la civette, etc.

Le 2e a la plante des pieds nue, on y trouve les *mangoustes*, adorées jadis par les Egyptiens, sans doute à cause de leur habitude de chasser et de détruire les reptiles, elles ont aussi une poche secrétant une liqueur odorante.

A la suite de ces êtres, on en rencontre d'autres qui sont *digitigrades*, c'est-à-dire qu'ils marchent sur les doigts. On y trouve le *chien*, trop connu par sa sociabilité avec l'homme pour s'y arrêter ; le *renard*, qui a la prunelle elliptique ou fendue ; la *hyène*, remarquable par sa forme, les membres postérieurs étant plus courts que les antérieurs.

3° Les *féliens* ont les membres assez développés et très-musculeux, la queue généralement fort longue et la tête fort peu allongée. C'est parmi eux qu'on rencontre le *lion*, le *tigre*, le *jaguar* ou tigre d'Amérique, le *guépard*, qui peut être comme le chien, dressé pour la chasse, etc., etc.

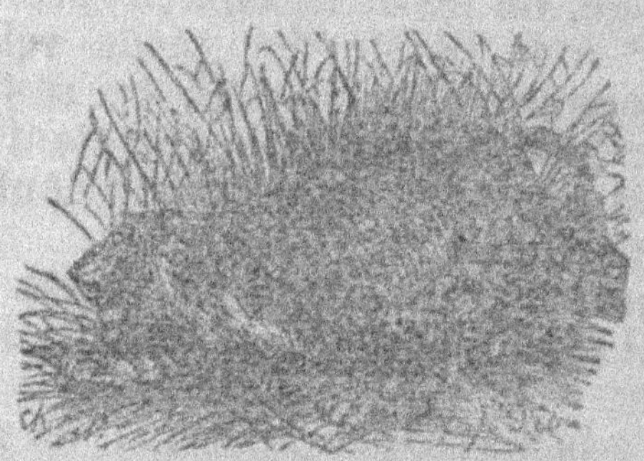

Fig. 8. Le Tigre.

Les HERBIVORES sont les animaux dont l'organisation est la plus complète après celle de ceux qui viennent d'être nommés. Ils se divisent en deux groupes. Les *herbivores non ruminants* et les *herbivores ruminants*.

Les *herbivores non ruminants* sont généralement connus sous le nom de PACHYDERMES, mot qui signifie peau épaisse. Ces animaux ont les doigts entourés par l'ongle pour former une espèce de sabot. Comme leur nom l'indique, ils se nourrissent exclusivement de matières végétales. Parmi eux on distingue le *cheval*, dont il existe plusieurs variétés, et qui ne marche que sur l'extrémité d'un doigt à chaque pied. L'*âne* de forme plus petite a les pieds plus petits ce qui lui rend la marche plus sûre dans les sentiers étroits. L'*hémione* qui est un âne plus élégant et le *zèbre* dont tout le corps est couvert de bandes sombres transversales. Le *mulet* qui tient de l'âne et du cheval est presque aussi grand et aussi fort que ce dernier et a la qualité de l'âne pour la sûreté du pied ce qui le rend précieux dans les montagnes.

Fig. 9. Rhinocéros.

Le *Rhinocéros* a trois doigts et est remarquable par la corne qu'il porte sur l'extré-

2.

mité de son nez, et par sa peau ridée dépourvue de poils. Deux espèces de ces animaux n'ont pas de replis de la peau mais ont deux cornes sur le nez.

Le *sanglier* a quatre doigts à chaque pied et deux dents qui sortent de la bouche pour produire des armes nommées *défenses*.

L'*hippopotame* a, à chaque pied, quatre doigts terminés par de petits sabots. Il a une tête énorme, une bouche démésurement grande et des dents canines longues de plus de trente centimètres, il a la peau nue.

Fig. 10. Le Chameau.

Le *chameau* est intermédiaire aux pachydermes et aux ruminants. Il ne marche que sur deux doigts. Le chameau de Bactriane a deux bosses graisseuses sur le dos et le chameau d'Afrique ou *dromadaire* n'en a qu'une. On trouve en Amérique des animaux de la famille des chameaux, mais qui n'ont pas de bosse sur le dos. Ce sont le *lama*, l'*alpaga* et *la vigogne*.

Les RUMINANTS tirent leur nom de la manière dont ils avalent leurs aliments. Leur estomac au lieu d'être unique comme celui des autres animaux a quatre poches ou estomacs différents. Lorsqu'ils commencent à manger leurs aliments qu'ils ne mâchent pas de suite sont envoyés dans un premier estomac; lorsqu'il est plein, ces animaux font revenir par parties ces aliments dans leur bouche où ils les mâchent jusqu'à ce qu'ils soient réduits en bouillie claire qu'ils avalent et qui va tomber dans les trois autres estomacs pour y être digérée. Ils ont tous le pied fourchu et c'est seulement parmi eux qu'on trouve des animaux portant des cornes. On y distingue le *bœuf* dont les cornes sont creuses et ne tombent jamais.

Fig. 11. Bison.

Le *bison* et l'*aurochs* qui ont le cou et la tête couverts d'une sorte de laine crépue. Le

buffle qui est plus petit que les précédents et
qui aime à se rouler dans la boue. Les *mou-*
tons dont les cornes sont comme celles des
bœufs, mais sont contournées sur elles-
mêmes, ces animaux n'ont pas de barbe
comme les *chèvres* qui en diffèrent excessivement peu.

Fig. 12. Girafe.

Les *antilopes* dont le soutien de la corne
est plein. Il en existe une grande variété à
formes plus ou moins élégantes et qui se distinguent par les différentes formes de leurs

cornes. Les *cerfs* possèdent, à la place des cornes des animaux précédents, des appendices nommés boiš. Ces bois sont remarquables en ce qu'ils ne durent pas aussi longtemps que l'animal, mais qu'ils tombent plusieurs fois dans la vie et qu'à la place de celui-ci qui est tombé il en repousse une autre d'une forme plus compliquée. Il existe un certain nombre de genres dans les cerfs parmi lesquels on distingue, l'*élan*, le *daim*, le *chevreuil* et le *renne*. Après ces animaux se trouve la *girafe* qui, à la place des cornes, possède deux noyaux osseux toujours recouverts par la peau et qui ne tombent jamais. Cet animal propre à l'Afrique est d'une très-grande taille et ses jambes de derrière sont beaucoup plus courtes que celles de devant.

Pour terminer la série des animaux herbivores en général, il faut encore parler, d'abord d'êtres aquatiques qui s'en rapprochent par beaucoup de points. Les *lamentins* et les *dugongs*, sauf leur forme accomodée à leur genre de vie, sont des animaux herbivores pachydermes.

Les *proboscidiens* qui viennent terminer ce groupe présentent une conformation spéciale. Leur corps est énorme et trapu, leur cou est excessivement court pour ne pas dire nul, leur tête très-grosse et fort courte se termine par un appendice très-long, nommé trompe. Cette trompe qui est à la place des narines qu'elle renferme peut aller à terre et dans tous les sens chercher la nourriture de l'animal et vu sa force énorme elle sert à la défense.

Fig. 13. Éléphant.

L'éléphant possède encore à la mâchoire supérieure deux dents canines qui sortent de la bouche et se recourbent en haut. Ce sont les défenses de l'éléphant qui atteignent quelquefois des dimensions énormes. On en possède une de quatre mètres de long. On connaît deux espèces d'éléphants, celui d'Afrique et celui de l'Inde.

Les RONGEURS viennent ensuite, ce sont des animaux qui n'ont pas de dents canines, mais qui possèdent des incisives destinées à ronger, dents qui poussent continuellement, ce qui compense l'usure produite par le frottement continuel des supérieures sur les inférieures, ces animaux mangeant presque continuellement. Parmi eux on distingue *l'écureuil* qui a cinq doigts aux pieds de derrière quatre à ceux de devant et la queue remontant en panache sur le dos. Ils marchent sur la plante des pieds et ont les doigts divisés. La *marmotte* qui se creuse des trous dans la terre et qui s'engourdit pendant l'hiver.

Le *castor* qui a la queue écailleuse et qui nage avec une grande facilité à l'aide de ses pieds de derrière. Cet animal se construit sa

Fig. 14. Écureuil.

demeure. Ses dents incisives sont énormes et d'une dureté extrême. On en trouve en Europe et en Amérique, mais ceux qui habitent près de l'homme ne construisent pas. Le *loir* qui grimpe aussi avec facilité. La *gerboise* remarquable par le grand développement de ses pattes postérieures. Les *rats* parmi lesquels on distingue le *hamster* qui a des abajoues comme certains singes, et enfin, les *lièvres*, les *cabiais*, etc.

Les ÉDENTÉS se font généralement remar-

quer par l'absence de dents sur le devant de
la bouche et par le grand développement des
extrémités de leurs doigts qui leur permet
de creuser la terre avec une grande facilité.
Dans ces animaux on en trouve dont la peau
est presque écailleuse comme celle d'une
tortue et d'autres couverts de poils; parmi les
premiers il faut citer le *tatou* et le *pangolin*
et parmi les seconds, les *fourmiliers*.

Fig. 15. Fourmilier.

Les CÉTACÉS terminent la série des êtres
qui composent la première division des
mammifères. Ces animaux sont tous aquatiques et ont, comme les lamantins et les
dugongs, une forme approchant de celle des
poissons. Leur corps est tout d'une venue,
c'est-à-dire que la tête est aussi large que
le corps auquel elle est réunie sans l'intermédiaire d'un cou visible : respirant par des
poumons comme les mammifères ordinaires,

ils sont obligés de venir souvent à la surface
de l'eau pour aspirer l'air. La taille de ces
animaux est énorme. On y distingue les *baleines*, les *cachalots*, les *narvals*, les *dauphins*
et les *marsouins*.

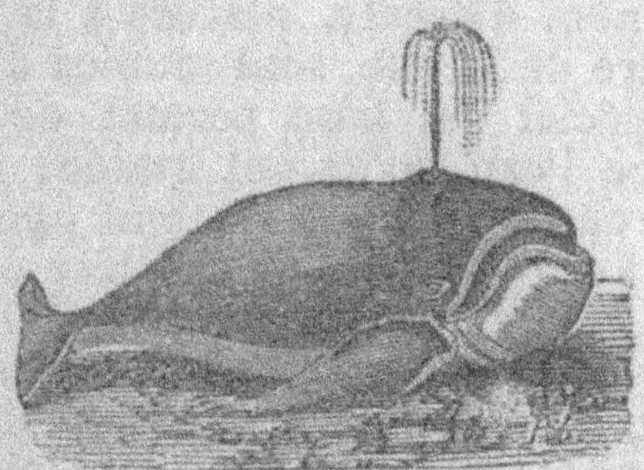

Fig. 16. Baleine.

Les *baleines* sont les plus gros cétacés,
leur tête énorme est séparée en deux par la
fente de leur grande bouche. Elles n'ont
point de dents, mais à la mâchoire supérieure se trouvent implantées les unes contre
les autres de grandes lames étroites et cornées, nommées fanons, formées de la matière qu'on appelle baleine. Leur langue
graisseuse est énorme et remplit presque
complétement la cavité de la bouche. Vu
leur manque de dents et la petite ouverture de leur canal digestif, ces animaux ne
peuvent se nourrir de poissons volumineux.
Ils sont obligés d'avaler les mollusques qui

se trouvent en quantité incalculable à la surface de la mer. Par leur mode de vie ces animaux doivent nécessairement avaler de grandes quantités d'eau, qui les feraient périr, s'ils ne possédaient un moyen de la rejeter; à cet effet, leurs narines, connues sous le nom d'évents, placées à la surface supérieure de la tête, sont munies d'un appareil spécial qui leur permet de rejeter avec force l'eau qu'ils ont avalée; les jets qu'ils produisent ainsi les font apercevoir de loin. Les *cachalots* ont une tête énorme, presque complétement remplie d'une matière huileuse qui se fige par le refroidissement et qui est connue sous le nom de blanc de baleine; matière qu'on emploie pour faire des cierges. Les cachalots n'ont point de fanons comme les baleines, mais leur mâchoire inférieure est munie de grosses dents coniques et recourbées en arrière. Les *dauphins* et les *marsouins* ont la tête beaucoup moins grande proportionnellement que les baleines, et leurs deux mâchoires sont pourvues de dents pointues; ils sont très-carnassiers. Les *narvals* se font remarquer par une dent transformée en défense, qui sort de la bouche en ligne droite, et qui peut atteindre jusque trois mètres de longueur.

La deuxième partie de la série des mammifères comprend l'ordre des *marsupiaux* et celui des *monotrêmes*.

Les MARSUPIAUX sont caractérisés par une poche placée sous le ventre, dans laquelle sont les mamelles et où la femelle met ses petits pendant les premiers temps de leur naissance ; les petits viennent au monde avant d'être complétement formés. Leur forme générale extérieure est aussi remarquable, leur partie postérieure excessivement développée ne leur permet pas de poser à terre les pattes antérieures. Aussi leur queue est-elle fort grande et c'est sur elle ainsi que sur leurs pattes postérieures, que ces animaux se reposent généralement. On distingue dans cet ordre : les *sarigues*, les *phalangers* et les *kanguroos*.

Fig. 17. Kanguroo.

Les MONOTRÊMES sont les mammifères les plus imparfaits qu'on connaisse; leurs dents sont rudimentaires , c'est-à-dire presque nulles, lorsqu'elles ne manquent pas complètement. Elles sont alors remplacées par des lames de corne comme chez les oiseaux. Leur bouche ordinairement ressemble presque complétement à celle d'un canard. On ne connaît de cet ordre que les *ornithorhynques* et les *échidnés*.

OISEAUX

La classe des oiseaux comprend la série des êtres qui sont organisés pour le vol. Comme les mammifères, ils possèdent des os à l'intérieur de leur corps, mais à la place de poils ils ont des plumes. Ils respirent par des poumons, et leur sang est chaud et rouge. Le cou des oiseaux est généralement plus long que celui des mammifères, et cette disproportion se fait surtout voir dans les oiseaux de rivage. Le genre de vie de ces oiseaux étant fort différent suivant les espèces, la conformation de leur bec et de leurs pattes varie aussi énormément. Les oiseaux destinés à marcher rapidement ont les pattes longues et robustes et le pied court. Ceux qui doivent vivre sur le bord

des rivages ont les pattes fort longues, mais
maigres et dépourvues de plumes jusqu'au
dessus du genou. Ceux qui ont besoin de
déployer beaucoup de force avec leurs
pattes, les ont courtes mais très-robustes et
garnies d'ongles puissants en forme de crochet. Enfin, ceux qui doivent vivre sur les
eaux, ont les doigts réunis par une membrane pour former une espèce de nageoire.
Leurs membres antérieurs ou ailes présentent aussi de grandes différences. Les uns
les ont courtes, d'autres grandes; mais,
dans tous les cas, les ailes sont en raison de
la puissance du vol; il est même des oiseaux où elles sont rudimentaires.

Les oiseaux ont été divisés en six classes,
d'après la considération de leur bec et de
leurs pattes qui sont les parties de leur
corps indiquant le genre de vie de l'animal.
Ces six ordres sont : les *rapaces*, les *passereaux*, les *grimpeurs*, les *gallinacés*, les
échassiers et les *palmipèdes*.

Les RAPACES, comme leur nom l'indique,
sont des animaux carnassiers vivant de proie.
Ils ont le bec excessivement robuste et recourbé en crochet, leurs pattes sont pourvues d'ongles puissants qui leur servent à
déchirer leurs proies. Toute leur organisation indique la force la plus grande et leur
aspect dénote leur caractère farouche. Ces
oiseaux se divisent en deux classes : les uns
sont *diurnes*, c'est-à-dire sortent le jour de

leur retraite pour chasser; les autres sont *nocturnes*, c'est-à-dire qu'ils ne sortent de leur retraite pour chasser que la nuit. Les *oiseaux de proie diurnes* se reconnaissent à

Fig. 18. Aigle.

leur plumage disposé comme celui des oiseaux ordinaires, et à leurs yeux qui sont placés de chaque côté de la tête. On y distingue : les *aigles* qui vivent de proie vivante, les *vautours* qui ont la tête et une partie du cou nus, et dont le cou est orné d'une collerette de plumes blanches. Ces animaux vivent de cadavres et répandent une odeur infecte; les *milans*, les *faucons*, les *éperviers*, les *buses*, etc., etc.

Les *oiseaux de proie nocturnes* se reconnaissent à leur plumage excessivement lâche, à leur tête moins longue que celle des diurnes, et à leurs yeux dirigés en avant. On y distingue les *hiboux*, les *chouettes*, etc. Ces animaux vivent généralement de souris, mais ils mangent aussi avec voracité les petits oiseaux dans les nids, aussi sont-ils tous détestés des oiseaux de jour.

Fig. 19. Hibou.

L'Ordre des Passeaeaux comprend tous les oiseaux qui ont de petites pattes conformées ordinairement comme celles d'un serin, c'est-à-dire qu'elles sont petites, n'ont pas des ongles crochus et les doigts non réunis par une membrane comme chez les canards. Il y a un doigt dirigé en arrière à chaque patte, leur bec est petit, peu fort, généralement droit et très-peu recourbé à la pointe lorsqu'il l'est; leurs ailes sont généralement assez grandes, aussi la plupart de ces oiseaux volent-ils avec facilité. Ces oiseaux ne vivent pas tous de la même façon, les uns mangent des graines, les autres des insectes. On connaît un nombre immense

de passereaux, parmi lesquels il faut remarquer les *oiseaux-mouches* ou *colibris* et
les *oiseaux de paradis*, qui possèdent un plumage si riche et si brillant. Les *hirondelles*
et les *martinets* dont le vol est d'une rapidité extrême, les *corbeaux*, les *pies grièches*,
les *moineaux*, les *alouettes*, les *merles*, les

Fig. 20. Alouette.

fauvettes, en un mot presque tous les petits
oiseaux qui habitent nos bois.

L'ORDRE DES GRIMPEURS, comme son nom
l'indique, comprend des oiseaux qui grimpent sur les arbres avec facilité, quoique
possédant la facilité de voler. Ils sont donc
conformés d'une manière spéciale pour atteindre ce but. C'est dans leur bec et dans
leurs pattes qu'ils trouvent les instruments
néessaires à leur genre de vie. Pour cela
leurs pattes au lieu d'être conformées
comme celles des passereaux, ont deux

doigts dirigés en avant et deux autres dirigés en arrière. Ces doigts ainsi que leurs
pattes sont assez robustes. Leur bec est généralement très-gros et souvent énormément recourbé à la pointe comme chez les
perroquets. En s'aidant de leur bec et de
leurs pattes, ces oiseaux grimpent avec une
assez grande facilité et dans toutes les di-
rections sur les arbres. Dans cet ordre, on
trouve les *perroquets*, si remarquable par la
beauté et la variété de leur plumage, et la
facilité qu'ils ont de répéter les expressions
du langage de l'homme. Les *toucans* qui

Fig. 21. Toucan.

poss`dent un bec énorme, les *coucous* ainsi
nommés du cri qu'ils font entendre, les *pics*
qui frappent souvent l'écorce des arbres
avec leur bec solide, pour faire sortir de
dessous elle les insectes qui s'y réfu-
gient, etc., etc.

L'ordre des gallinacés comprend tous les oiseaux qui ont plus ou moins de ressemblance avec la poule ou le coq. Leur bec est peu développé, légèrement renflé dessus et capable seulement de manger des graines. Cependant la plupart des oiseaux de cet ordre ne dédaignent pas les insectes mous. Leurs ailes sont courtes, le corps assez long, les pattes peu développées et les doigts fai-

Fig. 22. Coq.

bles. Ces oiseaux vivent généralement à terre où ils nichent, et où ils cherchent leur nourriture. C'est parmi eux que se trouvent la plupart des oiseaux de nos basses-cours et les gibiers les plus estimés des chasseurs. Nous citerons, en effet, dans cet ordre, le *coq*, dont il existe un grand nombre d'espèces fort belles ; les *faisans*, dont le plumage est si joli ; les *paons*, qui sont les plus beaux oi-

seaux connus ; les dindons, qui ont la tête et
le cou garni de caroncules charnues ; les
perdrix, les *cailles*, les *coqs de bruyère*, fort
recherchés des chasseurs.

L'ORDRE DES ÉCHASSIERS comprend tous les
oiseaux dont les pattes sont fort grandes et
maigres et le cou assez long pour leur permettre de prendre leur nourriture à terre

Fig. 23. Flamand.

sans plier les pattes. Ces oiseaux vivent généralement sur le bord des rivières où ils se
nourrissent de poissons qu'ils attrapent à
l'aide de leur bec avec une agilité et une
adresse remarquable. Le bec de ces oiseaux
est généralement assez long, et fort souvent
pointu ; cependant il en est, comme la *spa-
cule*, dont le bec est aplati ; d'autres oiseaux

de cet ordre n'habitent pas le bord des rivières, ce sont des oiseaux marcheurs ou coureurs, dont la rapidité de course est fort grande. Dans ces derniers, les ailes sont généralement assez courtes et peu favorables pour le vol. Dans les premiers, on distingue les *grues*, les *hérons*, les *cigognes* qui se nourrissent de reptiles ; les *bécasses*, les *ibis* qui étaient des oiseaux sacrés chez les Egyptiens, les *échasses*, les *flamands*, etc.

Dans les seconds on trouve l'*autruche*, qui court aussi vite qu'un bon cheval, le *casoar* et l'*outarde*, etc.

L'ORDRE DES PALMIPÈDES comprend tous les oiseaux dont les doigts des pattes sont réunis par une membrane qui leur permet de nager avec facilité. Ces oiseaux sont généra-

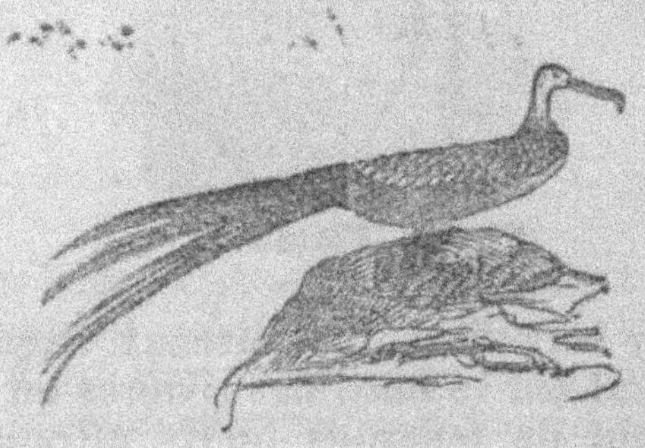

Fig. 24. Frégate.

lement aquatiques, c'est-à-dire vivant sur l'eau. Dans cet ordre, on trouve des oiseaux possédant l'organisation la plus favorable à un vol rapide, et pouvant être soutenu longtemps. Les *hirondelles de mer*, les *frégates*, les *mouettes*, les *pélicans*, les *sternes* en sont des exemples. D'autres volent bien, mais avec une moins grande agilité, tels sont les *canards*, les *oies* et les *cygnes*. Enfin on en rencontre d'autres dont les ailes sont tellement courtes, qu'elles ne peuvent être d'aucune utilité à l'oiseau même pour lui faire quitter la terre un seul instant ; ce sont les *manchots* et les *pingouins*.

REPTILES

La classe des reptiles comprend des animaux dont le sang est froid, qui viennent au monde généralement dans des œufs, et dont l'appareil de la respiration et de la circulation du sang n'est pas aussi complet que chez les mammifères et les oiseaux.

La forme générale de ces animaux est assez bizarre, et se rapproche plus de celle des mammifères que de celle des oiseaux ; leur peau est écailleuse, généralement recouverte de plaques de corne à la place des poils et des plumes qu'on trouvait dans les deux classes supérieures. Ces animaux diffèrent beaucoup entre eux sous le rapport de la forme du corps. Les uns ont le corps court, trapu et enfermé dans une espèce de boîte solide qui ne laisse sortir que la tête, les pattes et la queue; ce sont les *tortues ou chéloniens;* d'autres ont le corps excessivement allongé comme un rouleau et n'ont pas du tout de pattes, ce sont les *ophidiens ou serpents;* enfin il en est avec un corps très-allongé aussi, mais plus gros que celui des serpents, muni de pattes courtes qui forment les sauriens.

Les reptiles pourvus de pattes, marchent avec peu de facilité, leur corps traîne toujours à terre, et leurs pattes n'allant pas d'arrière en avant, mais de dehors en dedans, ne font pas avancer le corps avec une grande rapidité. C'est dans cette classe qu'on rencontre les êtres les plus hideux et les plus redoutables.

Les *chéloniens* ou tortues, ont le corps recouvert d'une plaque osseuse qui les garantit de toutes parts ; leur bouche est dépourvue de dents et garnie d'un bec corné ; leur peau est généralement recouverte de grandes plaques cornées, et ils ont deux paires de membres assez semblables entre eux. La femelle pond des œufs dans le sable, et laisse à la chaleur du soleil le soin de les faire éclore.

Fig. 25. Tortue.

La vie des tortues est fort longue et très-tenace ; il en est qui ont vécu plus de deux cents ans ; on en a vu vivre sans tête pendant plusieurs semaines, et il paraîtrait qu'elles peuvent passer des années sans manger : les unes sont terrestres ; d'autres aquatiques. Parmi les terrestres, il en est qui atteignent le poids de deux cent cinquante kilogrammes. C'est une tortue marine le *Caret* qui pèse une centaine de kilogrammes qu'on retire la substance nommée écaille.

Les *sauriens* sont des animaux qui, pour la plupart, se rapprochent du lézard par l'aspect et l'organisation. Presque tous ces animaux ont quatre pattes, il en est qui n'en ont que deux. Leur bouche est largement fendue et toujours munie de dents. Ces animaux vivent fort longtemps et se nourrissent de chair vivante.

Un repas suffit pour plusieurs jours, mais il est toujours fort abondant. Leurs sens sont fort peu développés, à l'exception, toutefois, de celui de la vision qui l'est beaucoup. Dans cet ordre, il y a des animaux qui marchent, d'autres qui courent, d'autres qui volent, d'autres qui grimpent, etc.

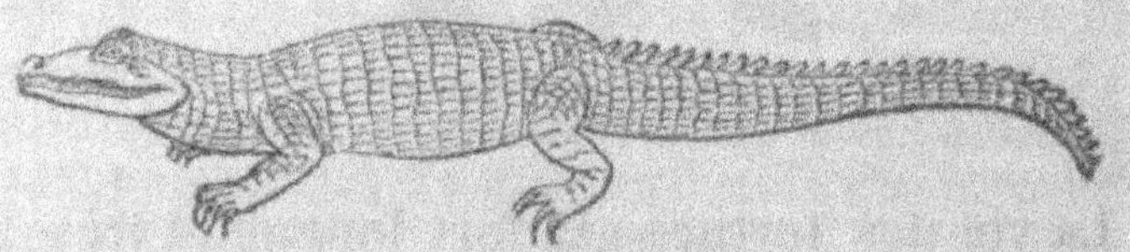

Fig. 26. Crocodile.

Dans cet ordre on trouve les *crocodiles*, remarquables par leur férocité. Ces animaux qui vivent presque toujours dans l'eau, peuvent atteindre jusqu'à 10 mètres de longueur, les *varans*, grands lézards vivant sur terre, qui peuvent atteindre jusqu'à 3 mètres, les *caméléons* que leurs changements de couleurs rendent curieux, etc., etc.

Les *ophidiens* ou *serpents* forment une longue série d'êtres qui sont pour l'homme un sujet d'horreur. Leurs corps est long et cylindrique, capable de se replier sur lui-même dans tous les sens, leur bouche est susceptible de se dilater énormément pour leur permettre d'avaler des corps beau-

coup plus gros qu'eux. Il en est qui possèdent dans la tête un réservoir communiquant avec des dents. Ce réservoir contient
un poison mortel qui s'écoule par ces dents
lorsque le serpent mord, et qui, entrant
dans la morsure, fait périr plus ou moins
rapidement l'animal qui a été atteint. D'autres serpents ne possèdent pas cet appareil

Fig. 27. Crotale.

horrible, mais ils n'en sont pas moins redoutables, par leur grande taille qui leur
donne une force colossale. Les serpents se
divisent donc en 2 groupes : ceux qui n'ont
pas de venin et ceux qui en ont. Les serpents non venimeux comprennent des êtres
de toutes les dimensions, depuis 20 centimètres jusqu'à 20 mètres environ, on y ren-

contre la *couleuvre* et le *boa* pouvant atteindre 20 mètres. Les serpents venimeux ne présentent pas d'aussi grandes différences. Cependant, ils varient entre un demi mètre et 8 à 9 mètres environ. Comme exemple nous citerons le *crotale* ou *serpent à sonnettes*, qui possède à l'extrémité de sa queue une série de petits cornets qu'il froisse l'un contre l'autre dans la colère, la *vipère*, le *trigonocéphale*, le *naja aspic*, etc.

BATRACIENS.

Les *batraciens* sont des êtres qu'on a long-temps confondus avec les reptiles, mais qu'on en a séparés depuis, par la raison que pendant leur jeune âge ils respirent comme les poissons, puisque plus tard, il respirent comme les reptiles.

Presque tous ces animaux sont plus ou moins aquatiques pendant l'âge adulte, mais ils le sont tous à la naissance et pendant un certain temps, par la raison que respirant alors comme un poisson, ils ne peuvent vivre que dans l'eau.

Pendant le jeune âge, ces animaux n'ont pas de pattes, elles ne poussent que peu à peu.

Tous, dans la jeunesse, ont une queue et

tous ne la gardent pas en grandissant. Les grenouilles et les crapauds en sont des exemples. La figure ci-jointe montre les transformations que subit la grenouille pour arriver à l'état parfait.

On rencontre dans cet ordre : les *grenouilles*, les *crapauds*, les *salamandres*, etc.

Fig. 28. Transformations de la Grenouille.

POISSONS

Les *poissons* sont des êtres qui vivent toujours dans l'eau, qui respirent par des branchies et qui meurent quand on les met à l'air. Les branchies sont des filaments déliés dans lesquels le sang des veines se rend pour se trouver en contact avec l'air dissout dans l'eau et se revivifier par ce contact, comme le sang des animaux à poumons, le fait dans les cellules du poumon avec l'air de l'atmosphère. Un poisson meurt hors de l'eau par la raison que la respiration est trop peu active pour lui, vu que ces branchies ne conservent pas assez d'humidité pour que l'air vienne en contact de chaque petite lamelle des branchies.

A la place des membres, qu'on a rencontrés généralement dans les animaux supérieurs, les poissons ont presque tous des nageoires, quelquefois en plus grand nombre que les membres des autres animaux, en outre, à l'extrémité de leurs corps ils possèdent une queue qu'ils étalent verticalement dans l'eau et qui leur sert à se diriger, comme le gouvernail d'un bateau le fait pour ce dernier. Les poissons se reproduisent par des œufs que la femelle pond avec une profusion incroyable et quelle abandonne immédiatement.

Les poissons ont été classés en deux grands groupes, d'après la considération de leur squelette, les uns, en effet, ont un squelette composé d'os véritables, d'autres, au contraire, l'ont composé d'os mous ou de cartilages. D'où l'on a tiré les dénominations de *poissons osseux* et de *poissons cartilagineux*.

Chacun de ces grands groupes a été ensuite subdivisé : le premier, en six ordres basés sur la position des nageoires. C'est parmi ces six ordres que se trouvent presque tous les poissons qu'on emploie comme aliments. Tels sont la *morue*, le *hareng*, le *maquereau*, le *rouget*, etc., etc.

Fig. 29. Morue.

Les poissons cartilagineux ont été aussi divisés en plusieurs groupes. C'est parmi eux qu'on trouve le *requin* et la *raie*.

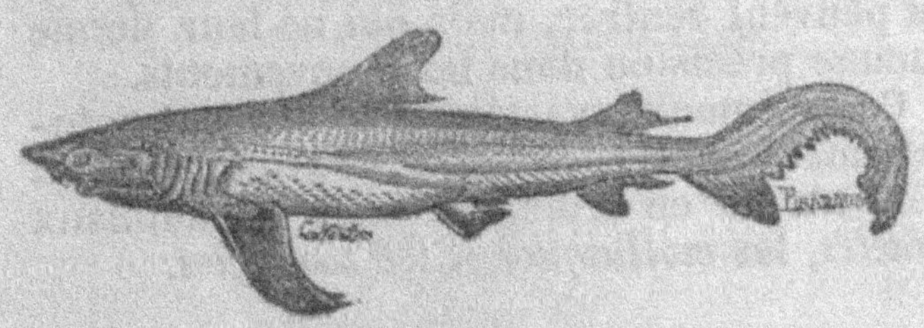

Fig. 30. Requin.

ANIMAUX INVERTÉBRÉS

Les animaux qui viennent d'être examinés, avaient tous à l'intérieur de leur corps des parties solides, formant un squelette qui soutenait le corps, et qui donnait de la précision aux mouvements. Dans ceux qui restent à examiner, il n'y a plus de squelette intérieur. Mais, il y en a quelquefois un extérieur qui constitue une carapace, formée de pièces mobiles les unes sur les autres, et qui, en protégeant le corps, donne aussi de la précision aux mouvements; d'autres, au contraire, n'ont pas le corps recouvert de cette carapace, et ont alors le corps nu; d'autres enfin, possèdent une coquille, dans laquelle ils peuvent rentrer, mais qui ne leur donne aucune précision dans les mouvements.

Ces animaux invertébrés se divisent naturellement en plusieurs grands groupes qu'on peut réunir en trois. Ce sont les animaux *annelés*, les *mollusques* et les *zoophytes*.

ANIMAUX ANNELÉS.

Ces animaux se partagent en deux groupes: les animaux articulés et les animaux annelés proprement dits.

ANIMAUX ARTICULÉS.

Les animaux articulés, ont pour caractères propres, de n'avoir point de squelette intérieur; mais d'en posséder un extérieur, composé de plusieurs anneaux mobiles les uns sur les autres, et d'avoir le corps symétrique, c'est-à-dire, fait de la même façon des deux côtés.

Ces animaux articulés se subdivisent en quatre grands groupes :

Le premier est le groupe des INSECTES qui a les caractères suivants. La respiration a lieu par des conduits qui vont de l'extérieur du corps à l'intérieur porter l'air dans les réservoirs ou le sang se trouve. Ces conduits sont des *trachées*. Le corps est composé de trois parties distinctes, la tête, le thorax ou poitrine, et l'abdomen ou ventre. En général, ces animaux sont pouvus d'ailes.

Fig. 31. Onthophage.

On les subdivise en *coléoptères* qui se nourrissent de substances solides, soit animales, soit végétales, qui ont deux paires d'ailes. Ces animaux changent d'état, c'est-à-dire, que dans le jeune âge ils sont comme un ver puis, qu'au bout d'un certain temps, ils deviennent complets en changeant de couleur et de forme. On trouve dans cet ordre les bêtes à bon Dieu ou *coccinelles*, les *carabes*, les *hannetons*, etc.

Les *orthoptères* ressemblent aux coléoptères par la bouche, mais s'en distinguent par la forme de leurs ailes.

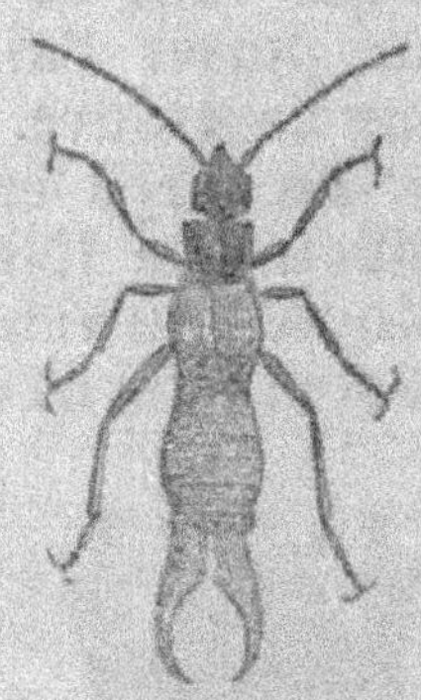

Fig. 32. Forficule.

Ces animaux changent aussi de forme, mais d'une manière moins complète que les coléoptères. On y trouve les *sauterelles*, les *grillons*, les *forficules*, les *courtillères*, etc.

Les *névroptères* ressemblent aux coléoptères par la bouche, mais en diffèrent par leurs ailes qui sont toutes les quatre membraneuses, et qui servent toutes pour le vol ce qui n'a pas lieu chez les premiers. Ces animaux changent aussi plus ou moins complétement de forme. On y trouve les *termites*, les *éphémères*, les *libellules*, etc.

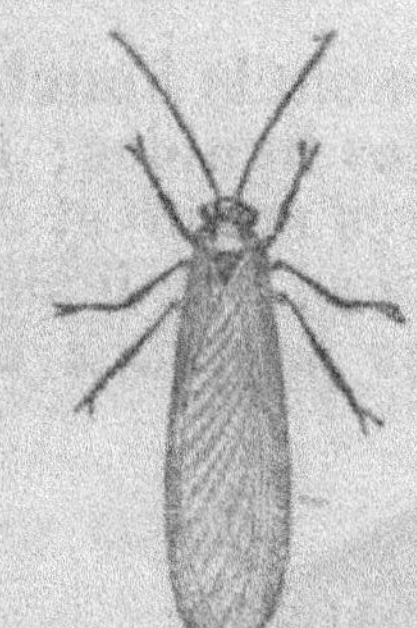

Fig. 23. Termite.

Les *hymènoptères* ont à la bouche les appareils nécessaires pour se nourrir de substances solides, mais ils ne s'en servent pas, ils se nourcissent de matières molles ou liquides qu'ils aspirent à l'aide d'une trompe; ils ont quatre ailes. Ces animaux changent de forme d'une manière complète. On y trouve les *bourdons*, les *ures*, etc.

Fig. 34. Bourdon.

Les *lépidoptères* ont la bouche propre seulement à sucer des liquides; ils ont quatre ailes toutes propres au vol et changent complétement de formes. Les lépidoptères comprennent tous les papillons de jour et de nuit.

Fig. 35. Satyre Hermione ou Sylvandre.

Les *hémiptères* ont la bouche disposée pour sucer; mais, en outre, pour piquer et faire des ouvertures sur le corps d'où ils veulent tirer du liquide. Ils n'ont que des changements incomplets : quelques-uns ont des ailes, d'autres n'en ont pas. On y trouve la *cygale*, les *pucerons*, la *puce*, la *punaise*, etc., etc.

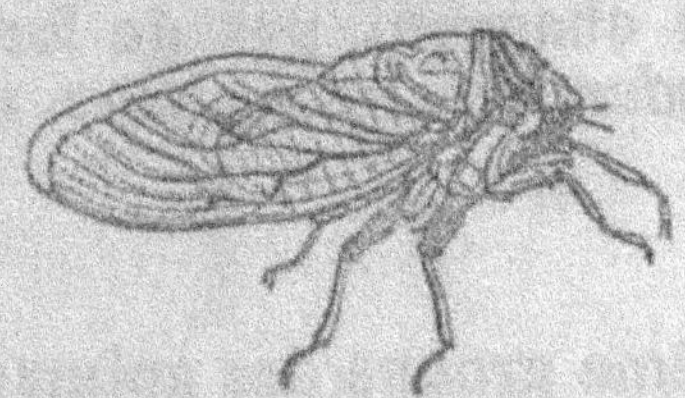

Fig. 36. Cigale.

Les *diptères* ont une bouche disposée pour sucer seulement, et n'ont qu'une seule paire d'ailes. Ces insectes changent de forme.

On range dans cet ordre les *cousins*, les *mouches*, etc.

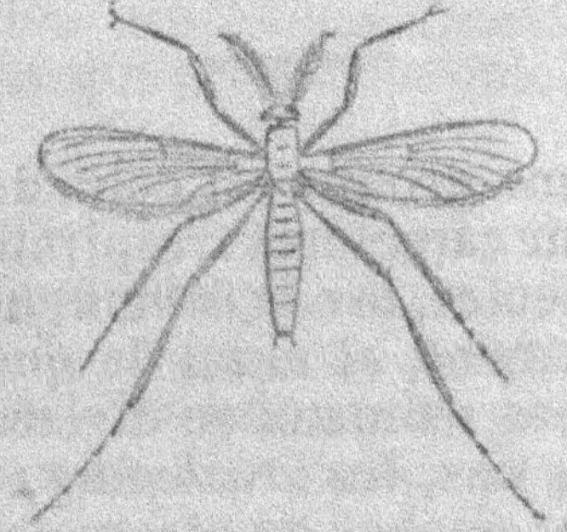

Fig. 37. Cousin.

Les *rhipiptères* n'ont que deux ailes, qui sont plissées longitudinalement.

Les *parasites* n'ont pas d'ailes, ont une bouche faite pour sucer, et ne changent pas de forme; on y range le *pou* et le *ricin*.

Les *thysanoures* n'ont pas d'ailes, ont la bouche faite pour manger des substances solides, et ne changent pas de forme; on y range les *podurelles*, les *lepismes*, etc.

————

Le deuxième groupe des animaux annelés est celui des MYRIAPODES qui a pour caractère : respiration comme celle des insectes , le corps composé de deux parties seulement et muni de vingt-quatre paires de pattes au moins et toujours dépourvu d'ailes ; ce groupe comprend des animaux ressemblant généralement à des vers.

————

Le troisième groupe est celui des ARACHNIDES, qui a pour caractères : respiration comme celle des insectes, le corps composé de deux parties seulement, et muni de quatre paires de pattes ; ces animaux se divisent en deux groupes : les uns, les *arachnides pulmonaires* possèdent des poches ou réservoir d'air pour rendre la respiration plus complète.

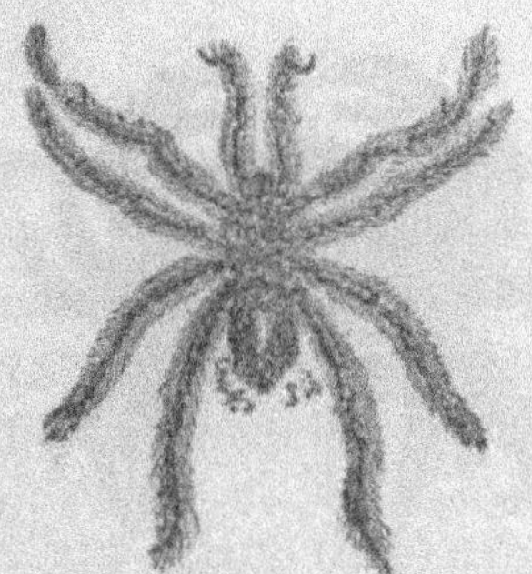

Fig. 38. Mygale.

On range dans ce groupe les *araignées* ordinaires, les *mygales*, les *tarentules*, les *scorpions* qui possèdent un appareil vénimeux à l'extrémité de la queue.

Les autres n'ont pas de poche pulmonaire et forment les *arachnides trachéens*; on y range l'animal qui produit la gale.

Le quatrième groupe est celui des *crustacés*; il a pour caractères : respiration s'effectuant par des branchies, corps possédant en général cinq ou sept paires de pattes.

Les crustacés se subdivisent en cinq groupes.

Fig. 39. Crabe Tourteau.

Parmi les crustacés, il nous suffira de citer les *crabes*, les *écrevisses*, les *homards*, etc.

ANIMAUX ANNELÉS

Chez ces animaux, la subdivision du corps est bien moins apparente que dans les animaux précédents. Il n'y a pas de membres articulés pour la locomotion ; leur corps est généralement allongé.

Ces animaux peuvent se classer en six groupes ; c'est parmi eux qu'on range les *lombrics* ou *vers de terre*, les *sangsues*, les *vers intestinaux*, etc.

ANIMAUX MOLLUSQUES.

Ces animaux n'ont plus, comme les précédents, le corps disposé en anneaux, cependant il n'est pas dépourvu d'une forme plus
ou moins régulière, et ils se font remarquer
par la disposition paire de leurs organes. Ils
diffèrent généralement beaucoup entre eux,
aussi ces animaux ont-ils été partagés en un
certain nombre de groupes.

1° Les *céphalopodes* sont des animaux dont
les pieds ou tentacules sont insérés sur la
tête autour de la bouche. Ils se nourrissent
d'autres mollusques et de poissons. Quelques-uns possèdent des coquilles contournées sur elles-mêmes. On range dans ce
groupe les *argonautes*, les *nautiles*, les *cal-
mars*, les *seiches*.

2° Les *gastéropodes* sont des animaux pourvus d'une tête, et qui se meuvent à l'aide
d'un disque charnu ou pied placé sous le
ventre ou d'une nageoire placée sous la
même partie du corps.

Fig. 40. Limnée des étangs.

Cette classe comprend les *colimaçons*, les *limnées*, la *porcelaine*, etc.

3° Les *ptéropodes* sont de petits mollus-
qui ont une tête, qui flottent dans l'eau et
qui y nagent à l'aide de deux nageoires placées comme des ailes, de chaque côté du
cou, les uns sont nus et les autres ont une
coquille.

4° Les *acéphales* sont des animaux dépourvus de tête, dont tout le corps est enveloppé
dans un manteau charnu, qui est renfermé
dans une coquille composée de deux parties
jointes entre elles à charnière, on y range
les *moules* et les *huitres*.

5° Les *tuniciers*.

6° Les *bryozoaires*.

ANIMAUX ZOOPHITES.

Ces animaux sont dépourvus de squelettes intérieur et extérieur; la disposition générale de leurs organes est radiaire, c'est-à-dire dans le genre des bâtons d'une roue, par rapport au centre, et quelquefois sphérique.

Ces animaux sont donc divisés. 1° En *radiaires*, qui comprennent :

Les *échinodermes*, qui sont des animaux rayonnés, à peau épaisse et souvent soutenue par une espèce de squelette solide, ils rampent au fond de l'eau à l'aide d'une multitude de petits tentacules retractiles. Les échinodermes forment trois groupes principaux : les *holoturies*, les *oursins* et les *astéries* on *étoiles de mer*, qui comprennent les *encrines*.

Les *acaléphes*, qui sont des animaux mous d'une consistance gélatineuse, qui flottent sur la mer et qui sont très-bien conformés pour la nage; ils n'ont pas de peau distincte et ont pour tout appareil digestif, un sac à une seule ouverture. On y range les *méduses*.

Les *coralliaires* ou *polypes*, qui sont des animaux à corps cylindrique, mou et percé à l'une de ses extrémités, d'une bouche centrale, qu'entourent des tentacules plus ou moins nombreux.

Fig. 41. Branche de corail.

Ces animaux se fixent sur des corps étrangers et leur peau se durcit de manière à constituer une enveloppe cornée ou calcaire.

On range dans cette division, les *actinies* ou *anémones de mer*, les *caryaphyllies et les astrées* (variétés de corail), le *corail*, etc.

En SARCODAIRES qui comprennent les *infusoires* qui sont des êtres d'une petitesse extrême qu'on ne peut apercevoir qu'avec le microscope et les *spongiaires* qui sont des agglomérations d'individus qui n'offrent les caractères de l'animalité que pendant les premiers temps de la vie.

FIN

RÉSUMÉ

DE LA

CLASSIFICATION DU RÈGNE ANIMAL

ANIMAUX Vertèbres	MAMMIFÈRES	L'HOMME	*blanc.* *jaune.* *noir.*
		LES SINGES	*Ancien continent.* *Nouveau contin.*
		LES MAKIS.	
		LES CHEIROPTÈRES.	
		LES INSECTIVORES.	
		LES CARNASSIERS	*mustéliens.* *viverriens.* *féliens.*
		LES HERBIVORES	*non ruminants ou pachydermes* *ruminants.* *proboscidiens.*
		LES RONGEURS.	
		LES ÉDENTÉS.	
		LES CÉTACÉS.	
		LES MARSUPIAUX.	
		LES MONOTRÈMES.	
	OISEAUX	LES RAPACES	*diurnes.* *nocturnes.*
		LES PASSEREAUX.	
		LES GRIMPEURS.	
		LES GALLINACÉS.	
		LES ÉCHASSIERS	*de rivage.* *coureurs.*
		LES PALMIPÈDES.	
	REPTILES	LES CHÉLONIENS OU TORTUES. LES SAURIENS OU LÉZARDS. LES OPHIDIENS OU SERPENTS.	
	BATRACIENS.		
	POISSONS	OSSEUX. CARTILAGINEUX.	

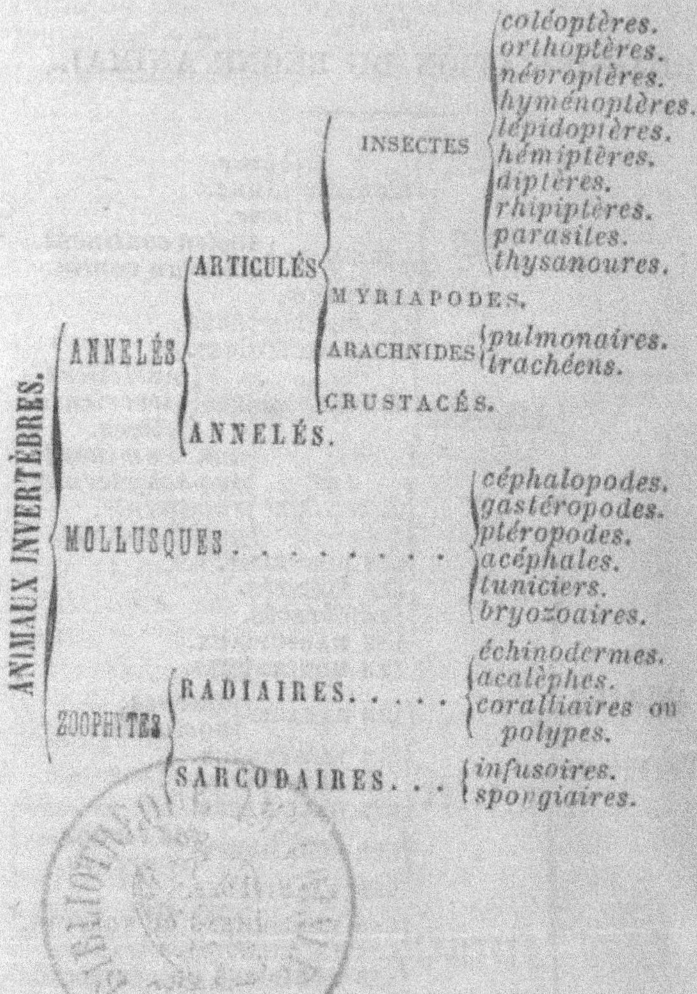
ANIMAUX INVERTÉBRES.
ANNELÉS
ARTICULÉS
INSECTES
coléoptères.
orthoptères.
névroptères.
hyménoptères.
lépidoptères.
hémiptères.
diptères.
rhipiptères.
parasites.
thysanoures.
MYRIAPODES.
ARACHNIDES
pulmonaires.
trachéens.
CRUSTACÉS.
ANNELÉS.
MOLLUSQUES
céphalopodes.
gastéropodes.
ptéropodes.
acéphales.
tuniciers.
bryozoaires.
ZOOPHYTES
RADIAIRES.
échinodermes.
acalèphes.
coralliaires ou polypes.
SARCODAIRES.
infusoires.
spongiaires.